浪花朵朵

"算出" 数学思维

太空

＋＜＝～±÷

SPICE

[英]安妮·鲁尼 著

邱谊萌 译

海峡出版发行集团 ｜ 海峡书局

目录

算一算

　　这次的太空任务是要前往火星，而你作为这次任务的领队，需要利用数学知识带领所有人安全到达火星。

　　你要了解概率、估算、角、小数以及其他数学原理，并用它们来指引你解决难题、克服太空探索的艰难险阻。

参考答案

这里给出了"算一算"部分的答案。翻到第 28—31 页就可验证答案。

在本书中，有些问题需要借助计算器来解答。可以询问老师或者查阅资料，了解怎样使用计算器。

你需要准备哪些**文具**？

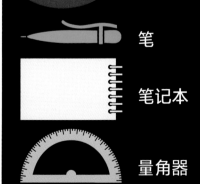

笔

笔记本

量角器

火星之旅

你现在有一项任务，要去火星上收集岩石样本，从中寻找化石，用以证明火星上可能曾经有过生命。

学一学 四舍五入与估算

估算时，需要把数四舍五入到十位、百位或千位。

4

要将一个数四舍五入到十位，就得看这个数的个位。如果个位数小于"5"，就将其改为"0"。

原数			四舍五入后的数		
百位	十位	个位	百位	十位	个位
2	1	3	2	1	0
3	4	1	3	4	0
9	0	4	9	0	0

如果个位数大于或等于"5"，要将其更改为"0"，并将十位上的数值加1。

原数			四舍五入后的数		
5	4	5	5	5	0
6	0	7	6	1	0
	9	9	1	0	0

要将一个数四舍五入到百位，就要看它的十位。如果十位数小于"5"，则将这个数的最后两位改为"00"；如果等于或大于"5"，则将最后两位数改为"00"，并将百位上的数值加1。

原数			四舍五入后的数		
5	2	6	5	0	0
6	4	5	6	0	0
1	9	9	2	0	0

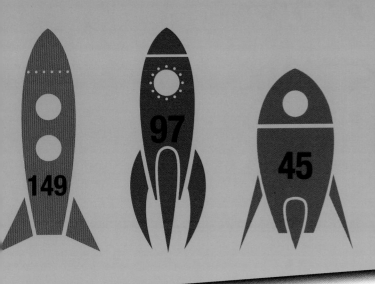

用四舍五入的方法，你可以做一个简单的运算：

如果 3 枚火箭的重量分别为 149 吨、97 吨和 45 吨，你可以估算出它们的总重量约为：

150 + 100 + 50 = 300（吨）

〉 算一算

你正在完成火箭升空前的一些检查，需要做一些粗略的计算及估算。

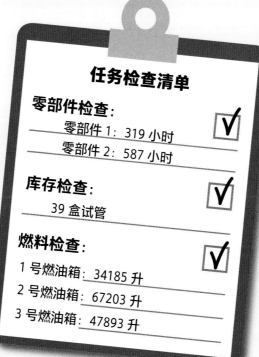

任务检查清单

零部件检查： ✓
> 零部件 1：319 小时
> 零部件 2：587 小时

库存检查： ✓
> 39 盒试管

燃料检查： ✓
1 号燃油箱：34185 升
2 号燃油箱：67203 升
3 号燃油箱：47893 升

1 一名工程师留了一张便条，说他对两个零部件进行了测试，分别用时 319 小时和 587 小时。将这两个数四舍五入到十位，并估算一下总小时数。

2 你们带了 39 盒试管。每个盒子里有 256 只试管。将这两个数四舍五入到十位，并估算一下，一共约有多少只试管？

3 你们的火箭有 3 个燃油箱，分别可容纳 34185 升，67203 升，47893 升燃料。将这些数四舍五入到千位，估算一下一共有多少升燃料。

3——2——1，点火！

发射台上，火箭即将升空，倒计时马上开始。倒计时分几个不同的阶段，你需要算出何时进入下一阶段。

学一学 计算时间

我们可以通过看指针式钟表的钟面或数字钟表（只用数字表示时间的钟表）来判断时间。

数字钟表既可以用 12 小时制也可以用 24 小时制来显示时间。12 小时制将一天分为两个周期，每个周期 12 小时——一个周期是从午夜 12:00 到中午 12:00，即上午；另一个周期是从中午 12:00 到午夜 12:00（即下午）。中午 12:00 后，从下午 1:00 开始，钟表上显示的数字又会从 1 开始新的循环，直到午夜 12:00。

24 小时制的时钟，中午 12:00 以后，钟表上的数会继续往上增加。于是，下午 1:00 变为了 13:00，下午 2:00 变为 14:00，以此类推，直到午夜 12:00，也就是 00:00，开始新的循环。

加减时间时，记住 1 小时有 60 分钟。例如：

09:30

上午 9:30（12 小时制）= 09:30（24 小时制）

15:45

下午 3:45（12 小时制）= 15:45（24 小时制）

13:47 + 1 小时 35 分钟

先把分钟数加上：

13:47 + 35 分钟 = 14:22

再把小时数加上：

14:22 + 1 小时 = 15:22

〉算一算

计算在火箭发射倒计时期间，不同阶段的用时以及升空后完成任务所需要的时间。

11:09

1 时钟上显示的当前时间是上午 11:09。对火箭的最后一次检查是在 1 小时 37 分钟前进行的。这次检查是什么时候开始的？

2 最终倒计时将于上午 11:54 开始，耗时 13 分钟。倒计时会在何时完成？

3 升空后的第一阶段任务是进入绕月轨道并完成拍照。这一阶段需要用时 2 天 13 小时。加起来总共需要多少个小时？

4 发射前的最后一次检查耗时 1 小时 56 分钟；倒计时需要 13 分钟；从第一台引擎开始点火到第二台引擎点火完毕，需要 7 分钟。从最后一次检查到第二台引擎点火完毕，共用几小时几分钟？

任务 3

去往月球

你们的脚步将先到达月球。在那里，宇宙飞船会朝着一个围绕火星运行的卫星出发，这个卫星叫火卫一。从火卫一出发，你们将直接前往火星。

学一学
角

角以"度"为单位，可以用"°"表示。我们用量角器来测量角度。

正好是 90° 的角叫直角。

大于 90° 且小于 180° 的角叫钝角。

大于 0° 且小于 90° 的角叫锐角。

180° 的角叫平角（也是 2 个直角）。

〉算一算

宇宙飞船的轨迹是从地球到月球，到火卫一，再到火星，其路线图如下所示。同时，还有一颗彗星会经过火星附近。

彗星

地球

火卫一

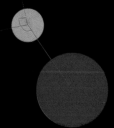

月球

火星

1 当飞船从地球经过月球去往火卫一时，路径所形成的角是哪种角？为什么？

2 当飞船从月球经过火卫一去往火星时，路径所形成的角是哪种角？为什么？

3 如果你们到了火卫一，转向与火星相反的直角方向，你们会去哪里？

4 用量角器测量从月球到火卫一再到火星的路线形成的角，它的度数是多少？

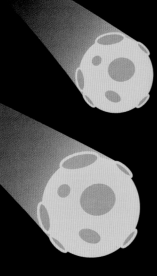

小心 小行星！

飞船要穿过一阵小行星雨，你决定观测它们。两名宇航员分别要从左、右两边的舷窗数小行星的数量。

10

学一学 加法运算 定律

有一些运算定律可以帮助你在做加法时更快得出正确的答案。

在加法中，几个加数的位置可以任意交换，因为它们的和总是一样的：

12 + 11 = 11 + 12 = 23

这是加法的交换律。

将 0 与任何数相加时，和都是这个数：

8 + 0 = 8

你可以把多个加数分成几组，然后再将这几组的和再加到一起。相加的顺序并不影响最后的结果：

10 + 11 + 12 + 13 =（10 + 11）+（12 + 13）= 21 + 25 = 46

也可以写成：

（13 + 10）+（12 + 11）= 23 + 23 = 46

这就是加法的结合律。

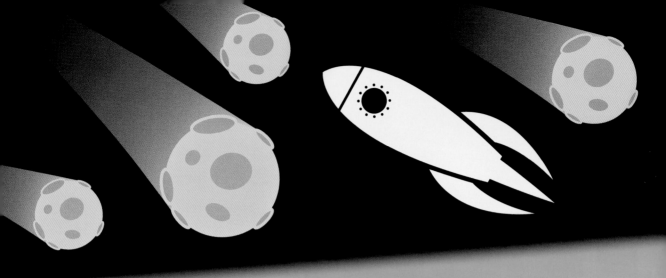

〉算一算

在飞行期间，两名宇航员分别从左、右舷窗对看到的小行星数量进行了记录。以下就是他们记下的数据。

小行星群

	左舷窗	右舷窗
上午10:00	6 + 2	2 + 6
上午10:15	7 + 0	7
上午10:30	(5 + 2) + 1	5 + (2 + 1)
上午10:45	4 + 3 + 1	2 + 2 + 3 + 1

1 上午 10:00，两名宇航员记录的小行星总数是否相同？

2 上午 10:15，一名宇航员错过了一组非常小的小行星。在这一时间点，他记录的小行星总数和另一名宇航员的总数一样吗？

3 在上午 10:30 的这次观测中，宇航员记录的小行星数量是否相同？

4 上午 10:45，一名宇航员认为，自己观测到了一组大的和两组较小的行星群，但另一名宇航员认为，那是四组较小的行星群。这一时间点，他们记录下的小行星数量一样吗？

5 上面哪个问题用到了加法的交换律？哪个问题体现了加法的结合律？

快到了吗?

宇宙飞船上的飞行记录仪是用天文单位（以下用 AU 表示）来显示距离的。一个天文单位的长度接近于地球到太阳的平均距离。

学一学 小数

了解小数的一种方法是使用数轴，将数轴上的"0—1"这条线段等分成 10 小段。这样做小数的加减法就容易了。

上面这些火箭的飞行路径有 1.5AU 那么长，把 1.5AU 分成等距的小段，每段长 0.1AU。

蓝色火箭从起点开始，飞过 6 小段，所以它飞行了 0.6AU。红色火箭从起点开始，飞行了 0.8 AU。绿色火箭飞行了 1.3AU，它比红色火箭领先 0.5AU。我们可以简单计算一下这些数值：

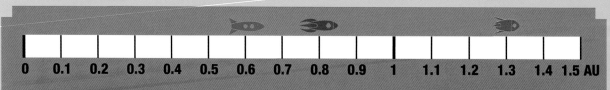

0 0.1 0.2 0.3 0.4 0.5 0.6 0.7 0.8 0.9 1 1.1 1.2 1.3 1.4 1.5 AU

$$1.3 - 0.8 = 0.5 （AU）$$

（绿色火箭飞行距离－红色火箭飞行距离＝它们之间的距离）

$$0.8 - 0.6 = 0.2 （AU）$$

（红色火箭飞行距离－蓝色火箭飞行距离＝它们之间的距离）

〉算一算

下图显示了宇宙飞船与太阳和几个行星之间的相对位置。每小段距离为 0.1AU。

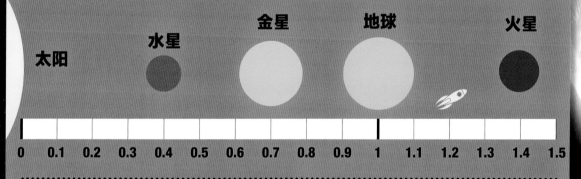

| 太阳 | 水星 | 金星 | 地球 | 火星 |

0 0.1 0.2 0.3 0.4 0.5 0.6 0.7 0.8 0.9 1 1.1 1.2 1.3 1.4 1.5

1　从金星到火星有多远?

2　宇宙飞船还要飞多远才能到达火星?

3　从地球到火星的距离是多少?

4　宇宙飞船离水星有多远?

5　从金星到宇宙飞船的距离是多少?

6　从水星到地球有多远?

宇航员真辛苦！

在太空很难记录工作时间，因为白天和晚上没什么区别。宇航员们都有工作日志，用来记录他们每次的工作时间。

我们可以使用三个符号来比较数的大小："<" ">" 和 "="。它们在算式中很有用。

14

"<" 表示式子左侧的结果小于右侧的结果，如：$2 + 1 < 5$。因为 $2 + 1 = 3$，3 小于 5。

">" 表示式子左侧的结果大于右侧的结果，如：$4 - 1 > 1$。因为 $4 - 1 = 3$，3 大于 1。

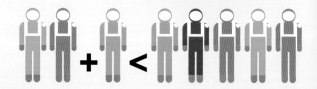

"=" 表示式子左侧的结果等于右侧的结果，如：$2 + 5 = 7$。

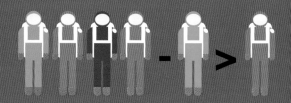

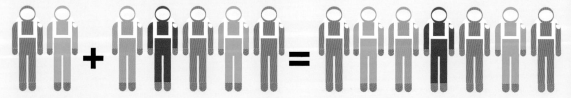

前两个符号（"<" 和 ">"）称为不等号。数学家在不需要计算精确答案时会使用它们。

〉算一算

宇航员每周工作时间不得超过 40 小时。
你需要检查他们记录的工作时间日志。

宇航员	工作时长	每周最长工作时长
泰勒	7 小时 ×4 + 9 小时 ×1	40 小时
杰德	9 小时 ×3 + 8 小时 ×1 + 4 小时 ×2	40 小时
萨拉	8 小时 ×5	40 小时
卡梅尔	5.5 小时 ×1 + 7.5 小时 ×1 + 9 小时 ×1 + 8 小时 ×1 + 6.5 小时 ×1	40 小时
卡尔	8 小时 ×3 + 6.5 小时 ×1 + 8.5 小时 ×1	40 小时

1 在本子上计算出每位宇航员的工作时长，然后使用正确的符号表示算出来的这些工作小时数是否小于、大于或等于所允许的最长工作时间。

2 卡尔和杰德在做同一个项目。使用正确的符号比较他们在这个项目上花费的时间。

有彗星，小心别撞上！

你发现了几颗来自太阳系外的彗星，并追踪了它们的运行轨迹。

学一学 线和路径

一条直线代表特定方向上的一条路径。直线是无限长的，但它们可以被分成较小的部分，这些部分被称为线段。

在同一平面内向同一方向延伸且保持固定距离的两条直线是平行线。平行线永不相交。

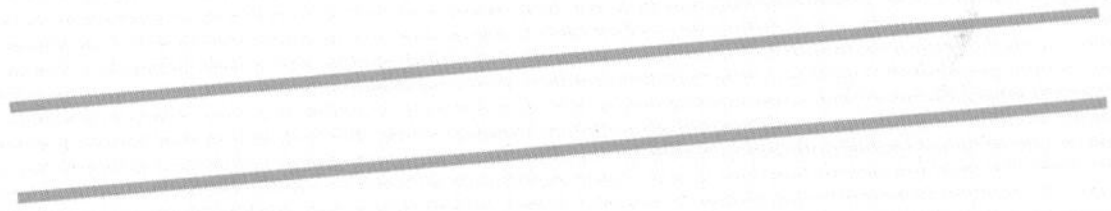

如果两条直线互相垂直，则它们相交的角是直角。

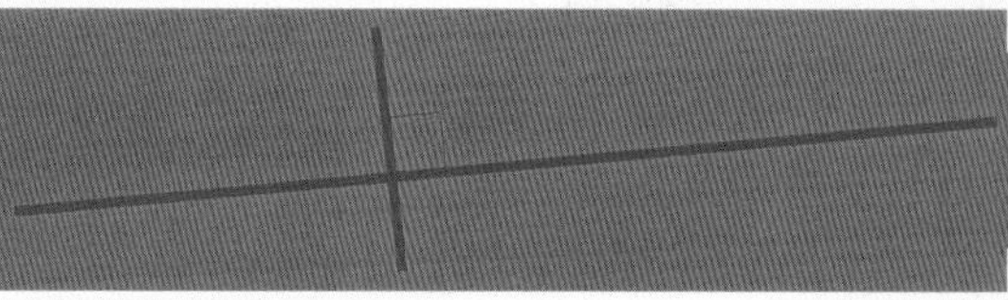

如果两条直线相交，则它们有一个交点。两条直线相交形成的角可以是任意角度。

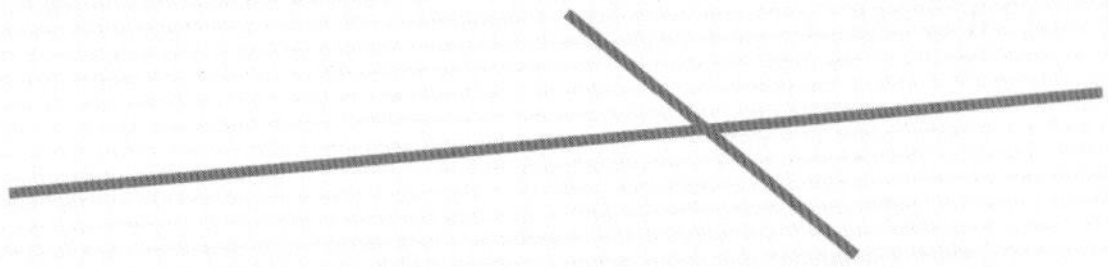

直线（在数学中用两端没有端点的线条表示）可以无限延伸。

直线

线段有两个端点。

线段

射线只有一个端点，另一端可以无限延伸。

射线

16

〉算一算

保证宇宙飞船不会撞上彗星，这点很重要，但宇宙飞船可以经过彗星的尾巴，因为那只是气体。下面这张图中显示了宇宙飞船和几颗彗星的路径。

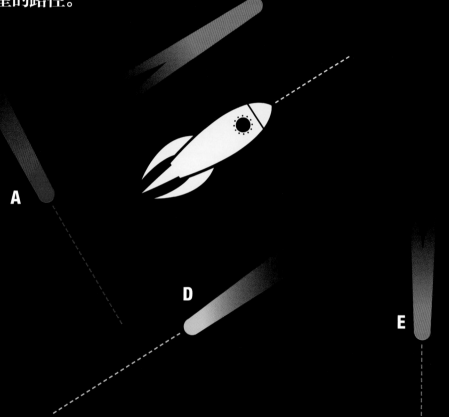

① 哪两颗彗星在平行的路径上？

② 哪颗彗星在与 B 彗星垂直的轨道上？

③ 哪些路径将相交？

④ 宇宙飞船的路径将与哪个彗星的尾部相交？

⑤ 下面描述的线是直线、线段还是射线？
（1）宇宙飞船从地球到火星的路径。
（2）一束从太阳射向太空的光。

太空晚餐

宇航员在往返火星的旅途中要吃的所有食物都放在宇宙飞船上。

学一学 扇形 统计图

扇形统计图可以很好地显示多个数据的相对大小。一个圆被分为多个扇形,每个扇形的大小反映了各部分数量与总数之间的关系。

这张扇形统计图显示了宇航员们训练时是更喜欢跑步,还是更喜欢骑自行车。

17　**22**

要求参加训练的宇航员总数为 22 + 17 = 39。在这组人中,22 个人更喜欢骑自行车,17 个人更喜欢跑步。

这张扇形统计图记录了 60 名宇航员来自哪里:

美国	17
俄罗斯	23
中国	13
欧洲其他国家	7
	60

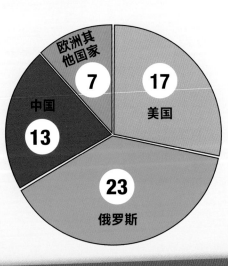

不难看出,来自俄罗斯的宇航员比较多。只有 7 名宇航员来自欧洲其他国家。你可以用分数来表示各国人数与总人数的比。它们是 $\frac{7}{60}$ (欧洲其他国家),$\frac{17}{60}$ (美国),$\frac{23}{60}$ (俄罗斯),$\frac{13}{60}$ (中国)。

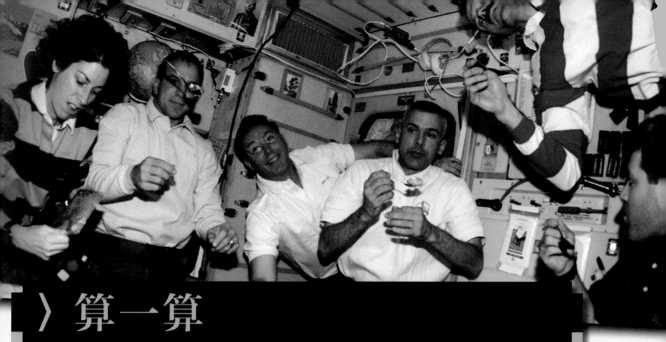

〉算一算

你想记录下宇航员在完成任务的过程中都吃了什么，于是画了一个扇形统计图，显示不同食物占食物总量的百分比。

鸡肉和米饭
（40%）

牛肉和蔬菜
（10%）

素食面食
（20%）

鱼和面条
（30%）

① 哪一种食物搭配最受欢迎？

② 在所吃的食物中，素食面食的百分比是多少？

③ 把食物按照从最受欢迎的到最不受欢迎的顺序进行排序。

④ 自己画个扇形统计图，表示宇航员们对饮品的偏好，其中茶占 2 成，咖啡占 3 成，热巧克力占 5 成。

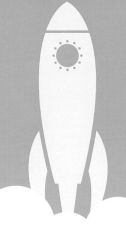

任务 6

火星着陆！

你们的宇宙飞船马上要降落到火星上了。当飞船越来越接近火星表面时，你需要在数据中寻找数列。

学一学
数列

有时，数的不同排列组合会形成不同的数列。使用数轴有助于表示这些数列。

20

这个数列显示了当你从 0 开始，每次加 2 是什么样：

0，2，4，6，8，10……

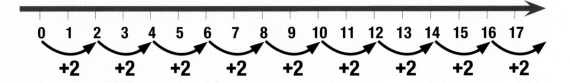

这个数列显示了反方向从 30 开始，每次减去 3 是什么样：

30，27，24，21，18……

下一个数将是 18 - 3 = 15；再之后的数是 15 - 3 = 12。

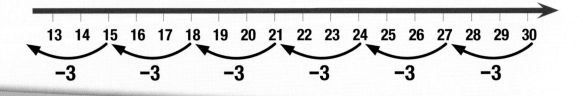

这个数列显示了从 2 开始，每次都将前一个数翻倍是什么样：

2，4，8……

下一个数将是 8 × 2 = 16。

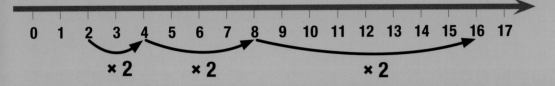

〉算一算

你正在记录宇宙飞船下降时的高度和温度。接近火星时，你还拍了火星表面的照片。

1 每 30 秒你会记录一次宇宙飞船的高度。读数分别为 75km，70km，65km，60km。按照这样的规律，下一个读数会是多少？

2 当飞船飞向火星有阳光的一面时，天气会变得更暖和。温度的读数为 0 ℃，1 ℃，3 ℃，6 ℃，10 ℃。按照这样的规律，下一个读数会是多少？

3 你一直在拍摄火星表面。每张照片所拍到的面积按照一定规律，随着你靠近火星而减小，但你漏写了其中一个数。这些数为：64km²，32km²，_____km²，8km²，4km²，2km²。漏写的数应该是多少？

任务检查表

宇宙飞船的高度：

75km（千米），70km，65km，60km……

温度：

0℃（摄氏度），1℃，3℃，6℃，10℃……

照片涉及的面积：

64km²（平方千米），32km²，

_____km²，8km²，4km²，2km²

漫步的探测车

宇宙飞船在火星上着陆了。在满是岩石的火星表面，你们发现了以前从地球运送到这里的机器人探测器（也叫探测车）。其中两辆坏了，另外两辆还在移动。

学一学
小数的乘法和除法

使用小数时，请务必记住：小数点后的数，位置离小数点越远，这个数值就越小，因此 0.001 小于 0.01。

22

小数点后的第一位是十分位，之后是百分位，再后一位是千分位。

十分位 百分位 千分位

0.005

要将一个小数乘 10，只需将小数点向右移动一位；要将一个小数乘 100，就将小数点向右移动两位；要将一个小数乘 1000，就将小数点向右移动三位。

	x10	x100	x1000
1.109	11.09	110.9	1109.0

要将一个小数除以 10，只需将小数点向左移动一位；要将一个小数除以 100，就将小数点向左移动两位；要将一个小数除以 1000，就将小数点向左移动三位。

	÷10	÷100	÷1000
201.4	20.14	2.014	0.2014

〉算一算

每辆火星探测车都记录了其活动的相关信息，存储了有关移动距离和移动速度的数据。

探测车	登陆时间	停止探测时间	移动距离	平均速度
旅居者号	1997 年 7 月 4 日	1997 年 9 月 27 日	0.1 千米	0.001 千米 / 天
勇气号	2004 年 1 月 4 日	2010 年 1 月 26 日	7.7 千米	0.003 千米 / 天
机遇号	2010 年 1 月 25 日	2019 年 2 月 13 日	86.8 千米	0.03 千米 / 天
好奇号	2012 年 8 月 6 日	仍在工作	27 千米	0.007 千米 / 天

1 哪辆探测车最快？

2 哪辆探测车最慢？

3 "机遇号" 行驶 6 千米要用多少天？

4 "好奇号" 再行驶 1 千米需要多长时间？（结果四舍五入到十位。）

5 "勇气号" 15 天能走多远？

盒子已经备好

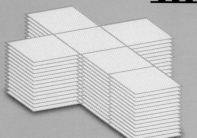

你有一些盒子，想用它们来装从地表采集到的岩石样本。它们被压扁存放，这样在宇宙飞船上占用的空间会比较小。

学一学立体图形

有些平面图形可以折成立体图形，这样的平面图形被称为相应立体图形的展开图。

展开图的每个部分都是立体图形的一个面，而每条折线就是一条棱，棱和棱的交点就是立体图形的一个顶点。

24

正方体的展开图由六个完全相同的正方形组成。它们不一定如图这样排列——因为一个正方体有 11 种不同的展开图！

长方体的展开图也有六个面，如右图所示：

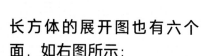

各面的形状显示了立体图形的外观。这里有一个由三角形和长方形组成的四棱锥：

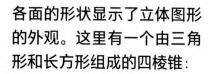

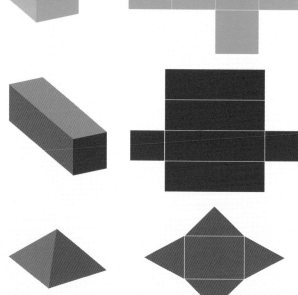

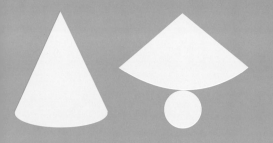

一些立体图形具有曲面。
圆锥的底面是一个圆形，侧面是由一个扇形绕着底面围成的。

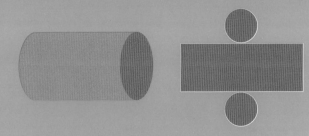

圆柱体有两个圆形的底面和一个围绕它们的矩形侧面。

〉算一算

你们已经收集了一些奇形怪状的岩石样本。你的工作是将每个样本与未折叠的包装盒相匹配。

包装盒展开图

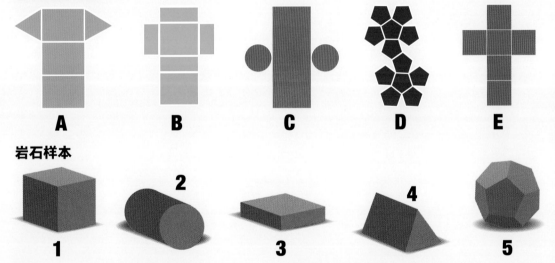

A **B** **C** **D** **E**

岩石样本

1 **2** **3** **4** **5**

1 你会用哪个盒子装哪块岩石？

2 A、B 和 C 折成的盒子都会是什么图形？

3 盒子 E 的边长为 4cm（厘米）。这个盒子的体积是多少？（你可以用长宽高相乘的方法来计算正方体的体积。）

4 盒子 B 的长、宽、高分别为 8cm，6cm，4cm。使用与问题 3 相同的公式来计算，其体积是多少？

5 你的助手已经为你折好了这个盒子。在你的本子上画出它的展开图。（这个盒子的每条棱长度都相等。）

任务 12

火星上的生命

你们研究小组中的一位科学家认为她在一些岩石中发现了微生物化石。她总共检测了 10 块岩石。

学一学 概率

概率描述的是某个随机事件发生的可能性或机会。它可以用分数、小数或百分比来表示。

26

> 如果你掷硬币，结果有两种可能性：正面或反面。掷出反面的概率为：$\frac{1}{2}$ 或 0.5 或 50%。

你可以像下面这样，对某些事发生的概率进行简单的排序：

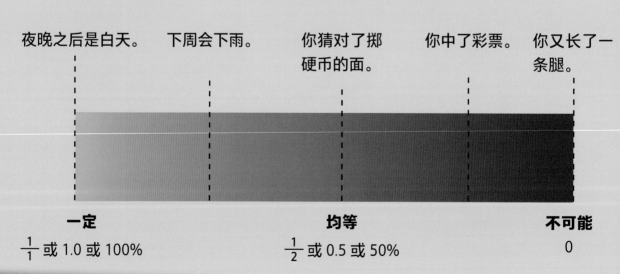

| 夜晚之后是白天。 | 下周会下雨。 | 你猜对了掷硬币的面。 | 你中了彩票。 | 你又长了一条腿。 |

| 一定 | | 均等 | | 不可能 |
| $\frac{1}{1}$ 或 1.0 或 100% | | $\frac{1}{2}$ 或 0.5 或 50% | | 0 |

在飞船的气闸室里有 5 个宇航服头盔，每个尺寸都不一样。你随机挑选 1 个，恰好适合你的概率如下所示：

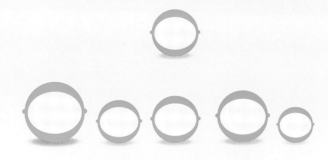

$$\frac{1}{5}$$ 或 0.2 或 20%

〉算一算

在你面前的桌子上摆放着一些岩石样本。在这 10 块岩石样本中，有 3 块含有微生物化石。

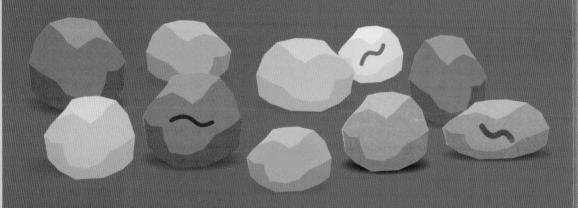

1 如果你随机拿起一块岩石，找到有化石的岩石的概率是多少？

2 你随机拿起一块岩石，不含化石的概率是多少？

3 你拿起的第一块岩石居然就含有化石！如果你再随机挑选一块岩石，那么这块岩石含有化石的概率是多少？不含任何化石的概率是多少？

参考答案

4. 1 小时 56 分钟 + 13 分钟 + 7 分钟 = 1 小时 56 分钟 + 20 分钟 = 2 小时 16 分钟

4—5　火星之旅

1. 320 + 590 = 910（小时）

2. 40 × 260 = 10400（只）

3. 34000 + 67000 + 48000 = 149000（升）

8—9　去往月球

1. 它比直角小，是个锐角。

2. 它比直角大，是个钝角。

3. 你们会撞到彗星！

4. 120°

6—7　3—2—1，点火！

1. 上午 11:09 – 37 分钟 = 上午 10:32
   上午 10:32 – 1 小时 = 上午 9:32 或 09:32

2. 11:54 + 13 分钟 = 下午 12:07 或 12:07

3. 2 天 = 2 × 24 = 48（小时）
   48 + 13 = 61（小时）

10—11　小心小行星！

1. 相同；$6 + 2 = 2 + 6 = 8$

2. 一样；$7 + 0 = 7$

3. 相同；$(5 + 2) + 1 = 5 + (2 + 1) = 8$

4. 一样；$4 + 3 + 1 = 2 + 2 + 3 + 1 = 8$

5. 问题 1 用到加法的交换律；
   问题 3 用到加法的结合律。

12—13　快到了吗？

1. $1.4 - 0.7 = 0.7$（AU）

2. $1.4 - 1.2 = 0.2$（AU）

3. $1.4 - 1 = 0.4$（AU）

4. $1.2 - 0.4 = 0.8$（AU）

5. $1.2 - 0.7 = 0.5$（AU）

6. $1 - 0.4 = 0.6$（AU）

14—15　宇航员真辛苦！

1. 泰勒：$4 \times 7 + 9 = 28 + 9 = 37$（小时）
   　　　37 小时 < 40 小时
   杰德：$3 \times 9 + 8 + 2 \times 4$
   　　　$= 27 + 8 + 8$
   　　　$= 43$（小时）
   　　　43 小时 > 40 小时
   萨拉：$5 \times 8 = 40$（小时）
   卡梅尔：$5.5 + 7.5 + 9 + 8 + 6.5$
   　　　$= 36.5$（小时）
   　　　36.5 小时 < 40 小时
   卡尔：$3 \times 8 + 6.5 + 8.5 = 39$（小时）
   　　　39 小时 < 40 小时

2. $(3 \times 9) + 8 + (2 \times 4) > (3 \times 8)$
   $+ 6.5 + 8.5$ 或 $27 + 8 + 8 > 24 +$
   $6.5 + 8.5$ 或 $43 > 39$

16—17　有彗星，小心别撞上！

1. B 和 D

2. A

3. A 和 D；B 和 C；A 和 E

4. C

5. （1）线段 （2）射线

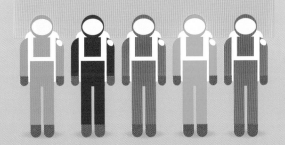

18—19　太空晚餐

1. 鸡肉和米饭。

2. 20%

3. 鸡肉和米饭（40%）。
   鱼和面条（30%）。
   素食面食（20%）。
   牛肉和蔬菜（10%）。

4.

20—21　火星着陆！

1. 55 千米；飞船在以每 30 秒 5 千米的速度下降。

2. 15℃；数列是 0+1，1+2，3+3，6+4，所以下一个是 10+5。

3. 16 km²；每次照片所拍到的面积都减半。

22—23　漫步的探测车

1. "机遇号"

2. "旅居者号"

3. $6 \div 0.03 = 2000$（天）

4. $1 \div 0.007 \approx 140$（天）

5. $15 \times 0.003 = 0.045$（千米）

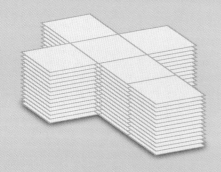

24—25　盒子已经备好

1. $A = 4$，$B = 3$，$C = 2$，
   $D = 5$，$E = 1$

2. A 为三棱柱，B 为长方体，
   C 为圆柱。

3. $4 \times 4 \times 4 = 64$（cm^3）

4. $4 \times 6 \times 8 = 192$（$cm^3$）

5.

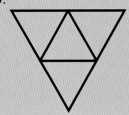

26—27　火星上的生命

1. 共有 10 块石头，其中有 3 块
   含有化石，所以概率是 $\frac{3}{10}$。

2. 10 块中有 7 块不含化石，所以
   概率是 $\frac{7}{10}$。

3. 你已经拿起一块含有化石的岩
   石，所以剩下的 9 块岩石中只
   有两块含有化石了，因此概率
   是 $\frac{2}{9}$。
   还有 7 块不含化石的岩石，总
   数还剩 9 块，所以概率是 $\frac{7}{9}$。

图书在版编目（CIP）数据

"算出"数学思维 /（英）安妮·鲁尼,（英）希拉里·科尔,（英）史蒂夫·米尔斯著;肖春霞等译. -- 福州:海峡书局, 2023.3

ISBN 978-7-5567-1033-1

Ⅰ.①算… Ⅱ.①安…②希…③史…④肖… Ⅲ.①数学—少儿读物 Ⅳ.① O1-49

中国国家版本馆 CIP 数据核字 (2023) 第 018758 号

著作权合同登记号　图字：13—2022—059 号

GO FIGURE series: a maths journey through space

Text by Anne Rooney

First published in 2014 by Wayland

Copyright © Hodder and Stoughton, 2014

Wayland is an imprint of Hachette Children's Group, an Hachette UK company.

Simplified Chinese translation edition is published by Ginkgo (Shanghai) Book Co., Ltd.

本书中文简体版权归属于银杏树下（上海）图书有限责任公司